## CIÊNCIAS

**CÉSAR DA SILVA JÚNIOR • SEZAR SASSON
PAULO SÉRGIO BEDAQUE SANCHES
SONELISE AUXILIADORA CIZOTO • DÉBORA CRISTINA DE ASSIS GODOY**

### CADERNO DE ATIVIDADES

NOME: _____ TURMA: _____

ESCOLA: _____

5º ano

São Paulo – 1ª edição – 2018

**Direção geral:** Guilherme Luz
**Direção editorial:** Luiz Tonolli e Renata Mascarenhas
**Gestão de projeto editorial:** Tatiany Renó
**Gestão e coordenação de área:** Isabel Rebelo Roque
**Edição:** Daniella Drusian Gomes e Luciana Nicoleti
**Gerência de produção editorial:** Ricardo de Gan Braga
**Planejamento e controle de produção:** Paula Godo, Roseli Said e Marcos Toledo
**Revisão:** Hélia de Jesus Gonsaga (ger.), Kátia Scaff Marques (coord.), Rosângela Muricy (coord.), Ana Curci, Ana Paula C. Malfa, Brenda T. M. Morais, Carlos Eduardo Sigrist, Célia Carvalho, Celina I. Fugyama, Daniela Lima, Diego Carbone, Gabriela M. Andrade, Hires Heglan, Lilian M. Kumai, Raquel A. Taveira, Rita de Cássia C. Queiroz, Vanessa P. Santos; Amanda Teixeira Silva e Bárbara de M. Genereze (estagiárias)
**Arte:** Daniela Amaral (ger.), André Gomes Vitale (coord.) e Renato Akira dos Santos (edit. arte)
**Diagramação:** MRS Editorial
**Iconografia:** Sílvio Kligin (ger.), Roberto Silva (coord.), Roberta Freire (pesquisa iconográfica)
**Licenciamento de conteúdos de terceiros:** Thiago Fontana (coord.), Angra Marques e Flavia Zambon (licenciamento de textos), Erika Ramires, Luciana Pedrosa Bierbauer e Claudia Rodrigues (analistas adm.)
**Tratamento de imagem:** Cesar Wolf e Fernanda Crevin
**Ilustrações:** Dawidson França, Julio Dian, Kanton e Waldomiro Neto
**Design:** Gláucia Correa Koller (ger.), Flávia Dutra (proj. gráfico), Talita Guedes da Silva (capa) e Gustavo Natalino Vanini (assist. arte)

Todos os direitos reservados por Saraiva Educação S.A.
Avenida das Nações Unidas, 7221, 1º andar, Setor A –
Espaço 2 – Pinheiros – SP – CEP 05425-902
SAC 0800 011 7875
www.editorasaraiva.com.br

2023
Código da obra CL 800660
CAE 628047 (AL) / 628048 (PR)
1ª edição
8ª impressão

Impressão e a acabamento: Bercrom Gráfica e Editora

Uma publicação SOMOS EDUCAÇÃO

# Apresentação

**Fazer é aprender.** Você já ouviu essa frase?

Ao resolver as atividades deste caderno, você vai aprender muito. Imagens, textos gostosos e perguntas farão você pensar sobre o mundo à nossa volta. Aprender Ciências é entender melhor nosso corpo, nosso planeta e o Universo em que vivemos. Seja bem-vindo a esta aventura!

**Os autores**

# Sumário

### UNIDADE 1
**Eu me alimento** ................................. 5
Por que nos alimentamos? ..................... 5
Eu me alimento bem? ............................. 6
Os alimentos e a saúde ........................... 7
O caminho do alimento .......................... 8

### UNIDADE 2
**Eu respiro** .......................................... 9
Do que o ar é formado? ......................... 9
Por que não consigo ficar sem respirar? ............................................ 10
Do que dependem a inspiração e a expiração? ...................................... 11
O ar que inspiramos é igual ao ar que expiramos? ........................... 12
A qualidade do ar ................................. 13

### UNIDADE 3
**Sangue: distribuição dos nutrientes e eliminação de resíduos** ........................................ 14
Sangue: um meio de transporte eficiente ............................. 14

### UNIDADE 4
**Água, um recurso natural** ............... 19
A água e os seres vivos ......................... 19
Água líquida, sólida e gasosa ............... 21
O ciclo da água ..................................... 21
O uso da água ....................................... 23

### UNIDADE 5
**Fontes de energia elétrica** .............. 24
A energia elétrica no dia a dia .............. 24
De onde vem a energia elétrica? .......... 25
Outras fontes de energia elétrica ......... 27
Fontes de energia renováveis e não renováveis ................................... 28

### UNIDADE 6
**Os materiais e o meio ambiente** ..................................... 29
Do que são feitos os materiais que consumimos? ................................ 29
Características dos materiais ............... 30
A fabricação de produtos causa impactos no meio ambiente? ............... 31
O que podemos fazer? .......................... 32

### UNIDADE 7
**Saneamento básico** ......................... 34
De onde vem a água que consumimos? ................................ 34
Tratamento de água e de esgoto .......... 35
O destino do lixo ................................... 38

### UNIDADE 8
**O Sistema Solar** ............................... 39
Sol: o maior astro do Sistema Solar ....................................... 39
O dia e a noite ...................................... 39
Estações do ano .................................... 41
A Lua, satélite natural da Terra ............ 41
Os planetas do Sistema Solar ............... 42
Outros astros do Sistema Solar ............ 43

### UNIDADE 9
**Ampliando nossos sentidos** ............ 44
Quais são os nossos sentidos? ............. 44
A ampliação dos sentidos por meio de instrumentos .................... 46
Os microscópios e o estudo da vida .... 47
Telescópios e o estudo do Universo ......................................... 48

# Eu me alimento

## Por que nos alimentamos?

**1** As tabelas nutricionais informam os tipos de nutrientes que um alimento contém. Observe algumas das informações que aparecem nas tabelas nutricionais de uma mesma porção de bolo e de filé de frango.

| BOLO DE FUBÁ CASEIRO | |
|---|---|
| Informação nutricional | |
| Porção de 100 gramas (g) – 1 fatia média | |
| Quantidade por porção | |
| Valor energético | 366 kcal = 1536 kJ |
| Carboidratos | 50,9 g |
| Proteínas | 6,58 g |
| Gorduras totais | 15,5 g |
| Cálcio | 39,8 mg |
| Fibra | 1,15 g |

| FILÉ DE FRANGO GRELHADO | |
|---|---|
| Informação nutricional | |
| Porção de 100 gramas (g) – 1 fatia média | |
| Quantidade por porção | |
| Valor energético | 151 kcal = 637 kJ |
| Carboidratos | 0 g |
| Proteínas | 32,1 g |
| Gorduras totais | 2,49 g |
| Cálcio | 5,35 mg |
| Fibra | 0 g |

Fonte das informações nutricionais: Tabela Brasileira de Composição dos Alimentos. Disponível em: <www.fcf.usp.br/tbca/>. Acesso em: 28 jun. 2018.

a) Alimentos que contêm maior quantidade de proteínas são alimentos construtores. Já os que contêm maior quantidade de carboidratos são os energéticos. Então, cada um desses alimentos é:

Bolo: _____

Filé de frango: _____

b) Devemos consumir diariamente entre 20 gramas e 35 gramas de fibras, pois elas ajudam a regular o funcionamento do intestino. Os alimentos das tabelas acima são boas fontes de fibras? Cite exemplos de alimentos ricos em fibras.

_____

_____

# Eu me alimento bem?

**2** Observe a pirâmide alimentar a seguir.

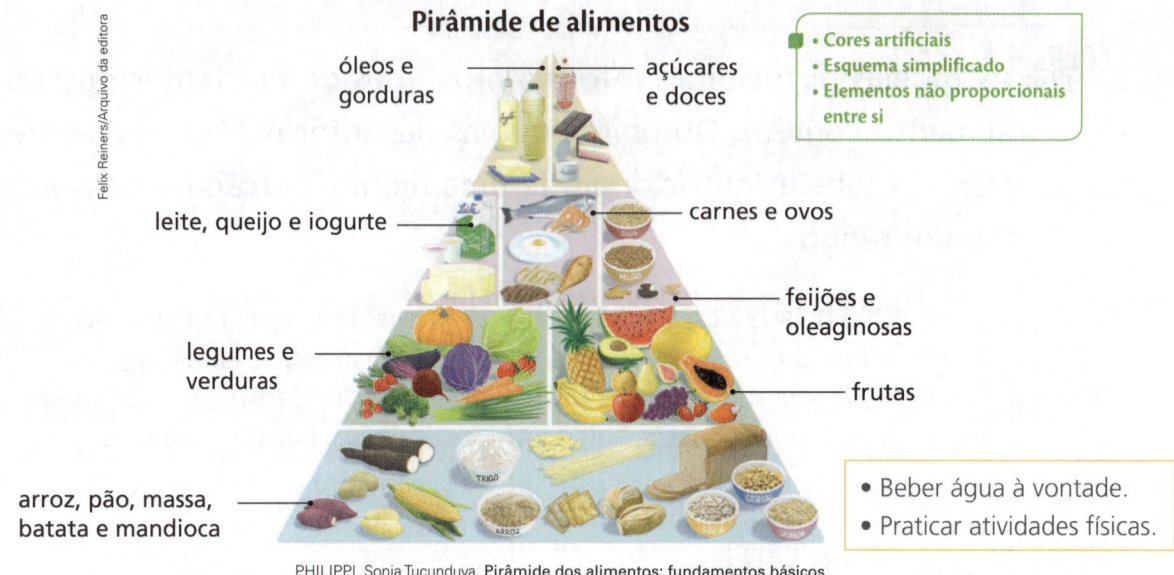

PHILIPPI, Sonia Tucunduva. **Pirâmide dos alimentos: fundamentos básicos da nutrição**. São Paulo: Manole, 2008.

- Cores artificiais
- Esquema simplificado
- Elementos não proporcionais entre si

- Beber água à vontade.
- Praticar atividades físicas.

- Circule o nome dos alimentos com as cores indicadas abaixo, conforme seu papel principal na alimentação.

Verde: reguladores    Vermelho: construtores    Azul: energéticos

**3** Uma alimentação equilibrada oferece todos os nutrientes importantes para o bom funcionamento do organismo.

- Consulte a pirâmide alimentar desta página e desenhe no prato uma refeição equilibrada.

# Os alimentos e a saúde

**4** As escolhas alimentares de cada um de nós interferem diretamente na nossa saúde.

a) Assinale a forma de preparo de cada alimento que você considera a mais saudável para o organismo.

Batata cozida.  Cenoura cozida.  Suco de laranja natural.

Batata frita industrializada.  Cenoura crua.  Suco de laranja industrializado.

b) Quais critérios você utilizou?

.................................................................................................................

.................................................................................................................

**5** Indique, com um **X**, as formas de preparo dos alimentos, as escolhas alimentares e as práticas mais adequadas para a saúde.

☐ consumir alimentos frescos.

☐ consumir alimentos industrializados.

☐ ter uma dieta rica em alimentos calóricos.

☐ ter uma dieta equilibrada, diversificada.

☐ priorizar práticas sedentárias.

☐ praticar atividades físicas regularmente.

# O caminho do alimento

**6** A ilustração a seguir representa o sistema digestório humano e os órgãos que participam do processo de digestão.

a) Identifique cada órgão nos espaços indicados na ilustração.

b) Coloque em ordem numérica as etapas da digestão de um sanduíche após passar pela mastigação na boca.

☐ O bolo alimentar passa por um trecho do tubo de cerca de 25 centímetros, até chegar ao estômago.

☐ O alimento atravessa uma parte do tubo, de cerca de 12 centímetros, que faz parte tanto do aparelho digestório quanto do respiratório.

☐ Essa parte do tubo tem a forma de bolsa. Quando o alimento chega a essa parte, que se movimenta o tempo todo, recebe suco gástrico.

☐ Nessa etapa, o tubo digestório absorve o restante da água que sobrou no bolo alimentar, assim como algumas vitaminas.

☐ O bolo alimentar chega a essa porção do tubo, bastante longa, e recebe a bile e outros sucos digestivos. Esses sucos realizam a quebra de todos os ingredientes do sanduíche em partes menores, que passam para o sangue.

# Eu respiro

## Do que o ar é formado?

**7** Complete a frase a seguir e encontre as palavras que você utilizou no diagrama.

O ar é constituído por uma ........................... de gases formada por 78% de gás ........................... , 21% de gás ........................... e cerca de 1% de ........................... e outros gases.

| A | E | M | J | T | N | F | E | O | P | H | A |
|---|---|---|---|---|---|---|---|---|---|---|---|
| P | K | L | U | T | I | V | D | S | Q | A | Z |
| L | G | Y | F | A | T | E | R | U | M | P | A |
| G | A | S | C | A | R | B | O | N | I | C | O |
| Q | R | T | A | D | O | D | O | A | S | D | E |
| T | U | R | O | P | G | C | E | A | T | N | M |
| M | O | X | I | G | E | N | I | O | U | Y | U |
| O | T | R | F | G | N | J | C | A | R | A | E |
| P | O | I | U | R | I | A | D | E | A | F | E |
| N | H | F | C | R | O | T | R | E | O | S | S |

- Agora, use as informações da frase que você completou para colocar as legendas no gráfico abaixo.

**Proporção dos diferentes gases no ar atmosférico**

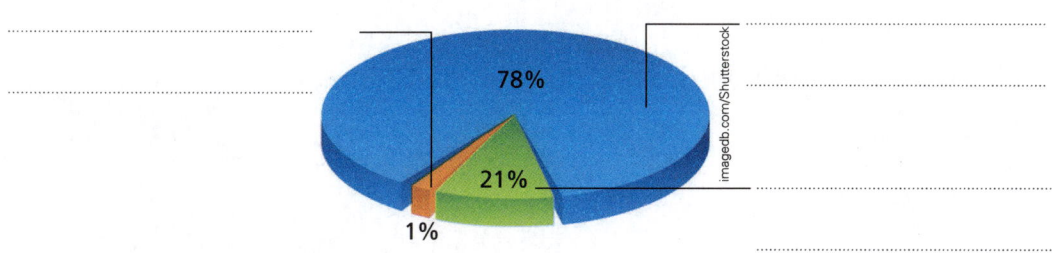

# Por que não consigo ficar sem respirar?

**8** O golfinho e a tartaruga marinha são exemplos de animais aquáticos que precisam subir até a superfície da água constantemente.

- Por que esses animais precisam ir até a superfície da água com frequência?

.................................................................................................

.................................................................................................

**9** Observe a imagem abaixo.

a) Como o mergulhador respira embaixo da água?

.................................................................................................

.................................................................................................

b) Qual é a origem das bolhas que vemos na imagem?

.................................................................................................

.................................................................................................

## Do que dependem a inspiração e a expiração?

**10** Observe os esquemas que representam os processos de inspiração e expiração.

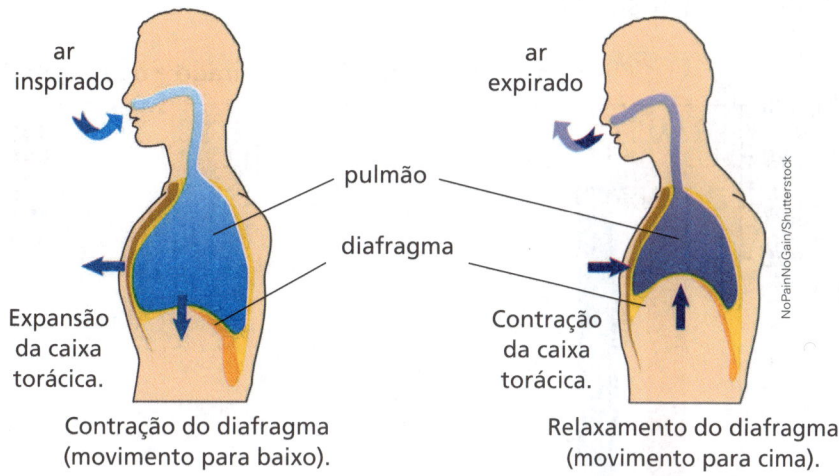

a) Circule o nome do músculo que se move fazendo com que o ar entre e saia dos pulmões.

b) Complete o quadro maior com os termos do quadro a seguir.

DIMINUI   ABAIXA   SAI   AUMENTA   SOBE   ENTRA

| | DIAFRAGMA | PRESSÃO DO AR NA CAIXA TORÁCICA E NOS PULMÕES | MOVIMENTO DO AR EM RELAÇÃO AOS PULMÕES |
|---|---|---|---|
| INSPIRAÇÃO | | | |
| EXPIRAÇÃO | | | |

**11** O número de inspirações por minuto corresponde à frequência respiratória de uma pessoa. Em que situações essa frequência pode aumentar?

# O ar que inspiramos é igual ao ar que expiramos?

**12** Inspiramos o ar que está presente na atmosfera. O ar expirado é o que sai dos pulmões. Observe o gráfico que mostra cada componente do ar inspirado e do ar expirado.

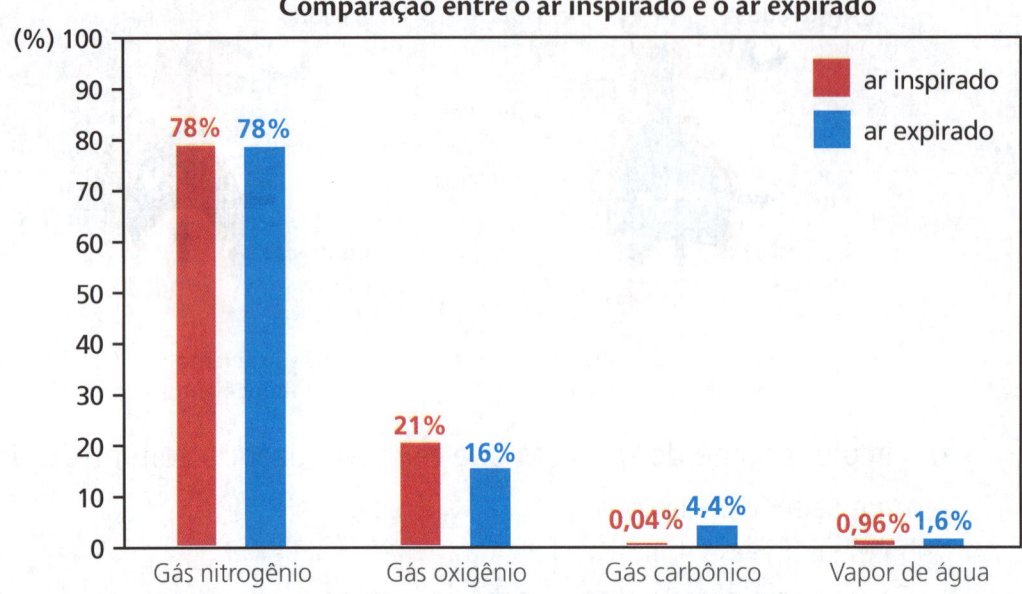

a) O que aconteceu com a quantidade de gás oxigênio no ar expirado? Por que isso ocorreu?

.................................................................................................................................

b) E com a quantidade de gás carbônico? Explique.

.................................................................................................................................

.................................................................................................................................

c) Circule o componente do ar que não é utilizado na respiração.

d) Observe os valores referentes ao vapor de água. Segundo os dados do gráfico, você afirmaria que nós perdemos água quando respiramos?

.................................................................................................................................

.................................................................................................................................

# A qualidade do ar

**13)** Leia a tirinha a seguir.

a) Por que a sugestão do Mutum não foi uma "ótima" ideia?

.................................................................................................................................

.................................................................................................................................

b) Você tem alguma sugestão para combater a poluição do ar?

.................................................................................................................................

.................................................................................................................................

**14)** Marque um **X** nas alternativas que apresentam os cuidados que devemos ter para manter a saúde do sistema respiratório.

☐ Não fumar nem ficar perto de quem está fumando.

☐ Evitar ambientes fechados.

☐ Manter a habitação sempre arejada.

☐ Lavar as mãos antes das refeições.

☐ Favorecer a prática de exercícios respiratórios, como atividades de nadar e de correr.

☐ Manter as roupas sempre limpas.

# Sangue: distribuição dos nutrientes e eliminação de resíduos

## Sangue: um meio de transporte eficiente

**15** Observe a representação que mostra como o coração promove a circulação do sangue para todo o corpo.

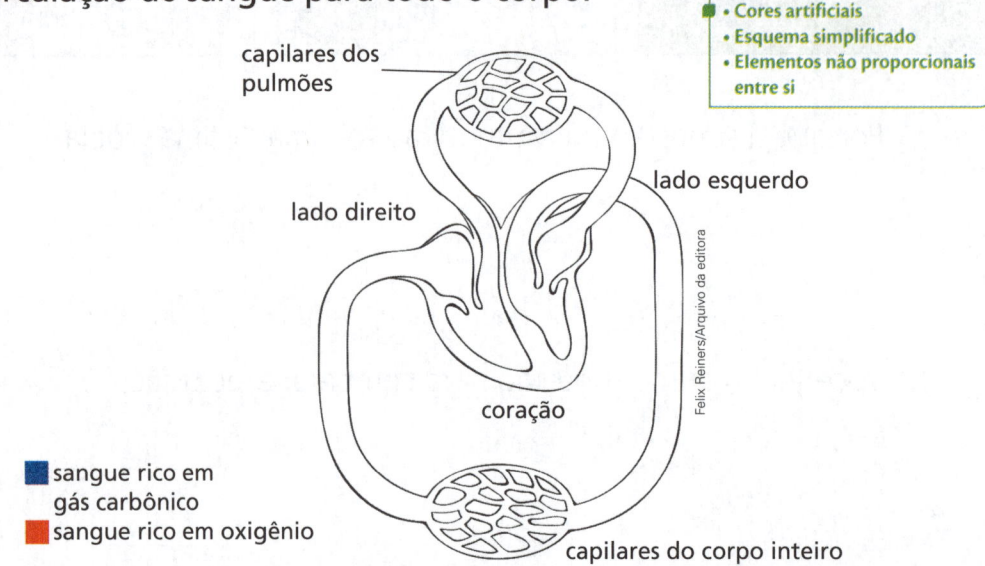

- Cores artificiais
- Esquema simplificado
- Elementos não proporcionais entre si

a) Pinte o esquema acima de acordo com a legenda.

b) Indique, por meio de setas, a direção da circulação do sangue.

**16** Complete as frases a seguir utilizando os diferentes níveis de organização de um dos sistemas do corpo humano:

O ........................................ cardiovascular do corpo humano é formado por ........................................, como o coração. O coração é formado principalmente por ........................................ muscular cardíaco, que, ao se contrair, faz o sangue circular pelos vasos sanguíneos. O músculo cardíaco, por sua vez, é formado por ........................................ alongadas, estriadas.

**17** O sangue circula pelo corpo transportando **nutrientes**, **gás oxigênio**, **gás carbônico** e **resíduos**.

a) Use os termos destacados acima para completar as frases a seguir.

No intestino o sangue recebe os ............................................................ obtidos na digestão. Nos pulmões recebe ............................................................ do ar e devolve a eles ............................................................. Ao passar pelas células, fornece a elas ............................................................, além dos ............................................................, retirados do intestino, e recebe delas o ............................................................ produzido na respiração celular e os ............................................................ produzidos pelo funcionamento das células.

b) O esquema a seguir representa os capilares sanguíneos em contato com as células de um tecido do corpo. Preencha os retângulos com as 4 substâncias trocadas entre as células e o sangue dos capilares.

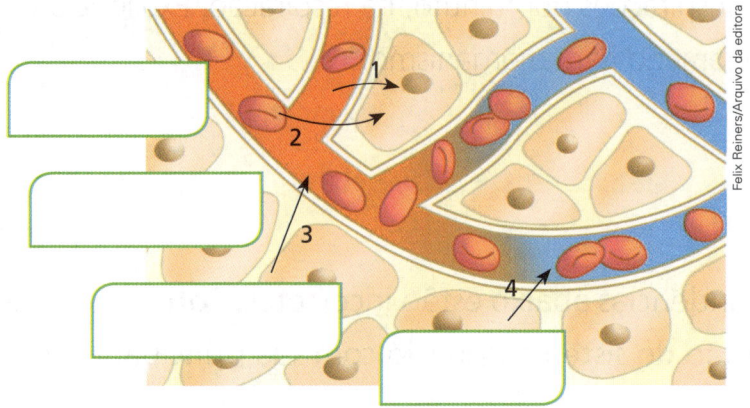

c) Os capilares são os vasos que ficam em contato com os tecidos do corpo. Qual é a vantagem de os capilares serem menores que os demais vasos e terem as paredes bem finas?

....................................................................................................................................

....................................................................................................................................

**18** O número de batimentos do coração, por minuto, varia ao longo do dia.

a) Assinale com um **X** a situação em que os batimentos cardíacos das crianças devem estar mais acelerados.

b) Quando alguém pratica exercícios físicos, o aumento da frequência dos seus batimentos cardíacos é acompanhada pelo aumento no número de inspirações por minuto, na respiração. Explique a vantagem desse fenômeno para o organismo.

......................................................................................................................................

......................................................................................................................................

**19** As correspondências abaixo estão incorretas. Corrija-as, relacionando cada órgão do sistema urinário com sua principal função.

1. Rim                          A. Armazena a urina produzida.

2. Uretra                       B. Filtra o sangue.

3. Ureter                       C. Conduz urina para fora do corpo.

4. Bexiga                       D. Conduz a urina dos rins até a bexiga.

1: ...............     2: ...............     3: ...............     4: ...............

**20** Leia o texto a seguir para responder às perguntas.

> [...]
> O balanço diário de água é controlado por sofisticados sensores localizados em nosso cérebro e em diferentes partes do nosso corpo. Esses sensores nos fazem sentir sede e nos impulsionam a ingerir líquidos sempre que a ingestão de água não é suficiente para repor a água que utilizamos ou eliminamos. Atentar para os primeiros sinais de sede e satisfazer de pronto a necessidade de água sinalizada por nosso organismo é muito importante.
> [...]
>
> Guia alimentar para a população brasileira. Ministério da Saúde. Disponível em: <http://bvsms.saude.gov.br/bvs/publicacoes/guia_alimentar_populacao_brasileira_2ed.pdf>. Acesso em: 5 maio 2018.

a) Como o balanço entre a água ingerida e a água eliminada é controlado pelo corpo?

b) Como eliminamos a água do corpo?

**21** Prestar atenção na cor da urina pode alertar sobre a necessidade de beber água e também sobre problemas de saúde.

a) Que relação existe entre a cor amarelada da urina e a quantidade de líquido ingerida?

b) O que devemos fazer ao notar outras tonalidades na cor da urina?

**22** Observe um esquema usado para estudar os sistemas do corpo humano.

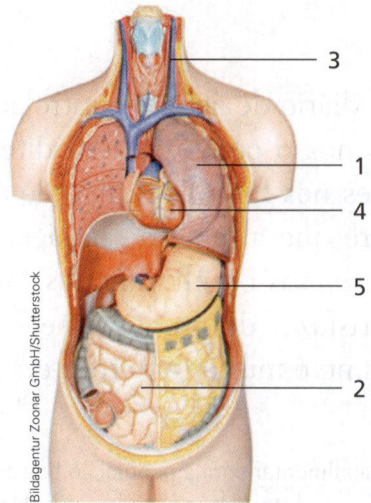

a) Quais sistemas podemos estudar com esse modelo?

_____

_____

_____

b) Prencha a cruzadinha escrevendo o nome dos órgãos que estão indicados e numerados no modelo.

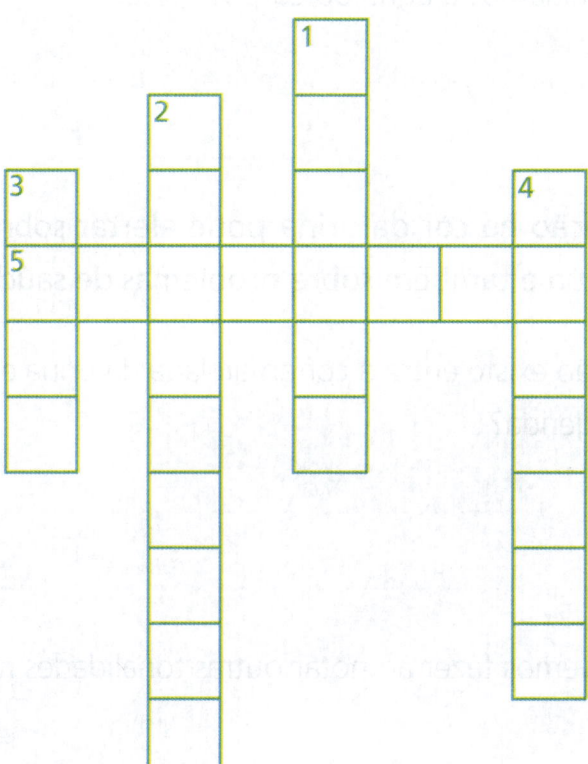

# Água, um recurso natural

## A água e os seres vivos

**23** Assim como os seres humanos, os gatos também perdem parte da água do corpo para o ambiente e por isso precisam ingerir água frequentemente.

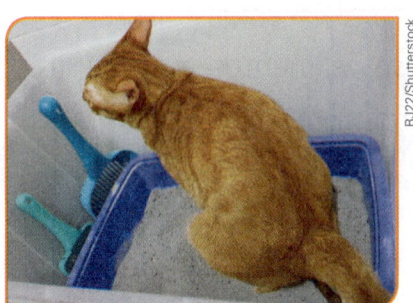

- Assinale com um **X** as alternativas que indicam como um gato perde parte da água do corpo.

    ☐ Transpirando pela sola dos pés e pelo focinho.

    ☐ Defecando e urinando.

    ☐ Bebendo água.

    ☐ Ingerindo alimentos ricos em água.

    ☐ Salivando.

**24** A água-viva é um animal que tem o corpo constituído por aproximadamente 98% de água.

- Faça uma pesquisa em livros ou na internet, em *sites* recomendados pelo professor, sobre os hábitos alimentares e como acontece a respiração e a circulação nesses animais.

**25** Observe a quantidade de água que os alimentos a seguir contêm.

| Percentual de água a cada 100 g de alimento | |
|---|---|
| Biscoito | 4% |
| Margarina | 16% |
| Banana | 72% |
| Espinafre | 92% |
| Melancia | 94% |
| Alface | 95% |

a) Desses alimentos, escolha três que mais contribuem para hidratar o organismo.

_____

b) Para organizar esses dados, complete o gráfico a seguir. No eixo **y**, indique o lugar onde entra o percentual de água que cada alimento contém. Depois, desenhe uma coluna que represente esse valor. Se tiver dúvida, veja o gráfico da página 12.

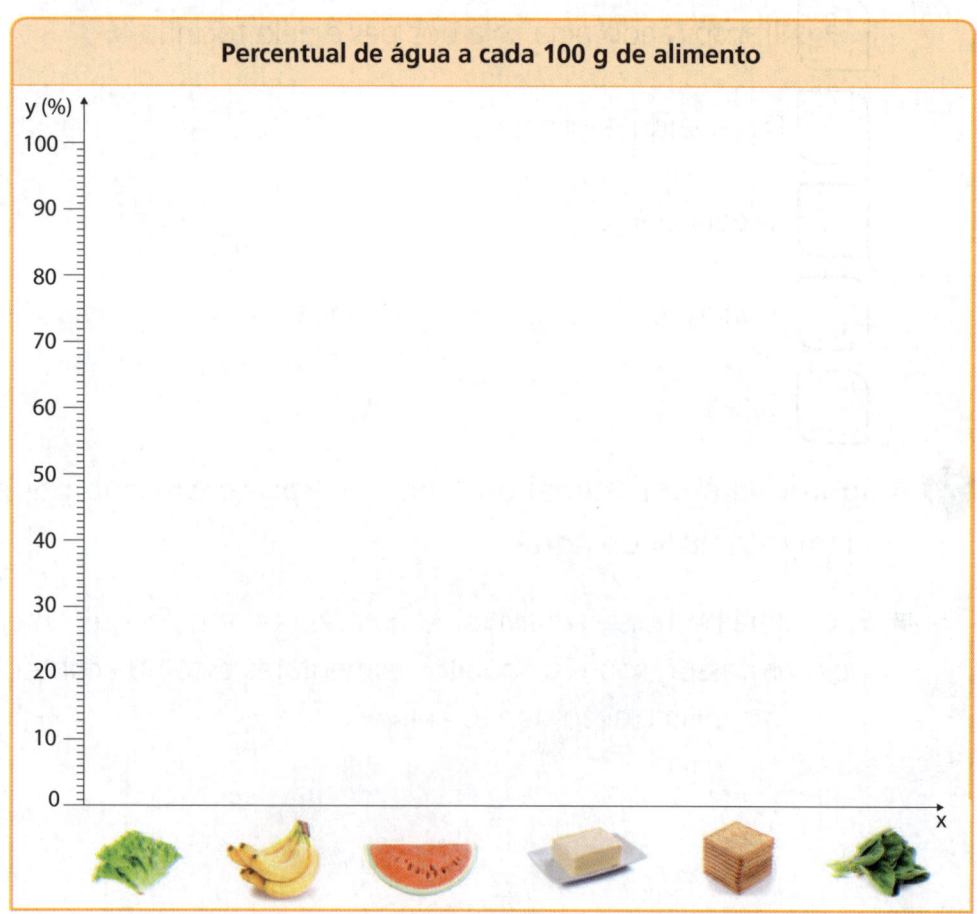

# Água líquida, sólida e gasosa

**26** Observe de que modo a água se distribui pelo planeta. Depois, indique o estado físico da água doce em cada situação.

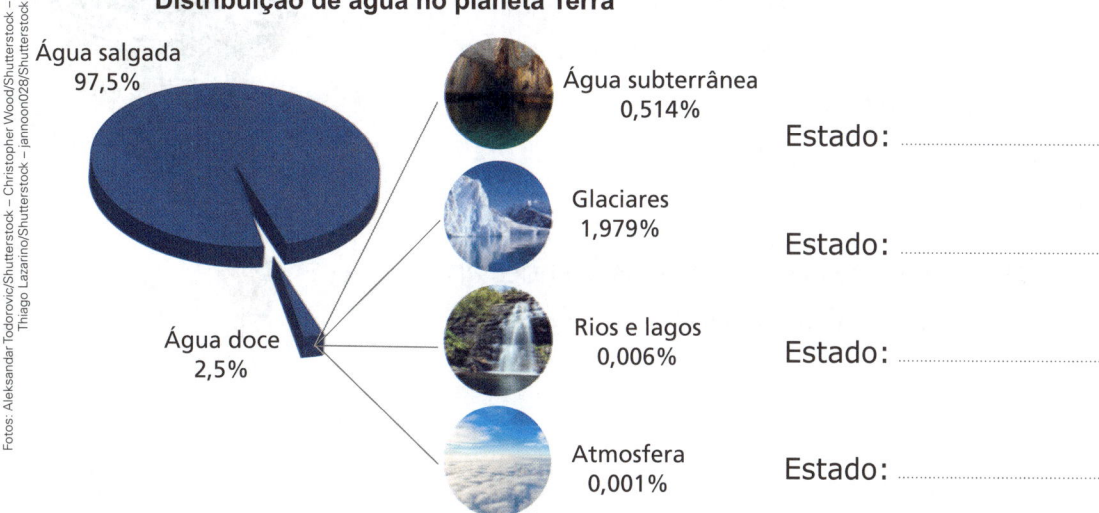

Distribuição de água no planeta Terra

Água salgada 97,5%
Água doce 2,5%

Água subterrânea 0,514% — Estado: _____

Glaciares 1,979% — Estado: _____

Rios e lagos 0,006% — Estado: _____

Atmosfera 0,001% — Estado: _____

# O ciclo da água

**27** Observe o esquema.

a) Que mudanças de estado da água estão representadas por setas no esquema?

_____

b) Cite duas mudanças de estado da água que não foram representadas nesse esquema, mas que ocorrem em determinados ambientes.

_____

**28** Estudos indicam que uma árvore amazônica de grande porte é capaz de colocar cerca de 300 litros de água por dia na atmosfera. Esse vapor de água é transportado pelas massas de ar e pode ter impacto nas chuvas de todo o país.

a) Qual é o processo realizado pelas plantas que permite que elas liberem água na atmosfera?

b) O que pode acontecer se as grandes árvores da floresta forem derrubadas?

**29** Você já reparou que nos dias de chuva é comum os automóveis ficarem com os vidros embaçados? Considere as informações:

1. Quando respiramos dentro de um automóvel com os vidros fechados, o ar fica aquecido.

2. O ar que expiramos contém vapor de água.

3. Os vidros do automóvel são frios; ficam com a temperatura do ambiente externo.

- A partir dessas informações, proponha uma hipótese que explique por que os vidros dos automóveis embaçam nos dias chuvosos.

# O uso da água

**30** Liste alguns usos da água que você faz na sua casa ou na escola ao longo do dia.

.................................................................................................................................

.................................................................................................................................

**31** Leia a tirinha a seguir.

Armandinho.

a) Qual é a solução encontrada para evitar a falta de água na casa do Armandinho?

.................................................................................................................................

.................................................................................................................................

b) Agora, pense em uma forma de reaproveitar a água e represente-a no quadro abaixo.

# Fontes de energia elétrica
## A energia elétrica no dia a dia

**32** Quando o fornecimento de energia elétrica é interrompido, que aparelhos deixam de funcionar em sua casa?

**33** Observe o gráfico abaixo.

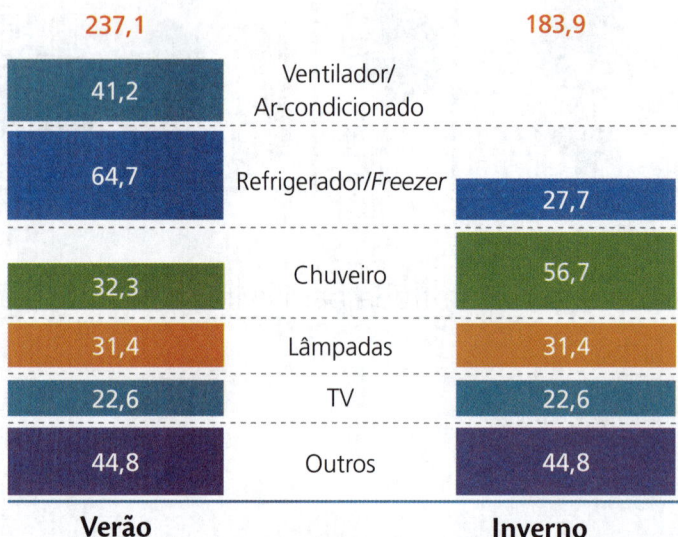

Comparação do consumo dos equipamentos elétricos no verão e no inverno (em kWh)

| Verão | | Inverno |
|---|---|---|
| 237,1 | | 183,9 |
| 41,2 | Ventilador/Ar-condicionado | |
| 64,7 | Refrigerador/*Freezer* | 27,7 |
| 32,3 | Chuveiro | 56,7 |
| 31,4 | Lâmpadas | 31,4 |
| 22,6 | TV | 22,6 |
| 44,8 | Outros | 44,8 |

Pesquisas apontam que o maior gasto de energia elétrica ocorre, em geral, em dias de temperaturas muito elevadas. O gráfico está de acordo com essas informações? Por que você acha que isso ocorre?

# De onde vem a energia elétrica?

**34** Observe o esquema simplificado de uma usina hidrelétrica.

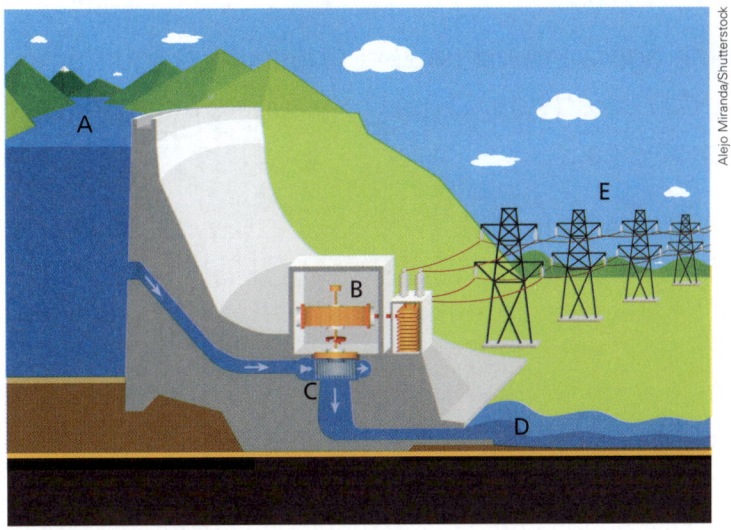

a) Identifique as áreas da usina indicadas pelas letras no esquema.

☐ linhas de distribuição

☐ reservatório ou barragem

☐ rio

☐ pás da turbina

☐ gerador elétrico

b) Circule, no esquema acima, o local onde o movimento da turbina é convertido em energia elétrica.

c) Observe a imagem ao lado. Como a falta de chuvas pode afetar o funcionamento de uma usina hidrelétrica?

.................................................................

.................................................................

**35** Pouca chuva e muito consumo, entre outros motivos, podem causar falta de energia elétrica nas casas. Dentro de uma residência, também podem ocorrer problemas na instalação elétrica ou nos aparelhos elétricos.

- Imagine agora uma situação em que você ligue um interruptor e a lâmpada não acenda. O que você sugere a um adulto para descobrir se o problema...

    a) ... está na lâmpada?

    _____

    _____

    b) ... está na instalação elétrica da casa?

    _____

    _____

    c) ... está no sistema da distribuidora de energia elétrica?

    _____

    _____

**36** O chuveiro está entre os equipamentos que mais consomem energia elétrica em uma casa.

- Por que devemos economizar energia elétrica?

    _____

    _____

    _____

# Outras fontes de energia elétrica

**37** Complete as frases com as palavras do quadro abaixo.

> ÓLEO DIESEL   VENTO   CARVÃO   RIO   SOL

a) As usinas eólicas geram eletricidade utilizando como fonte de energia o ............................................. .

b) O volume de água de um ............................................. pode ser aproveitado para geração de energia em usinas hidrelétricas.

c) A energia do ............................................. faz as usinas solares funcionarem e gerarem energia elétrica.

d) Nas usinas termelétricas, combustíveis como ............................................. ou ............................................., por exemplo, são queimados para gerar energia elétrica.

**38** Observe, nas fotografias abaixo, dois tipos de usinas geradoras de energia elétrica. Que usinas estão apresentadas?

A: ............................................. B: .............................................

# Fontes de energia renováveis e não renováveis

**39** Observe os gráficos a seguir.

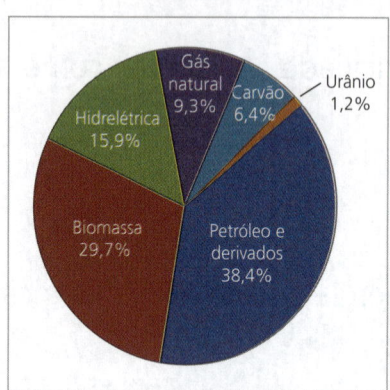

Brasil

44,7% renovável

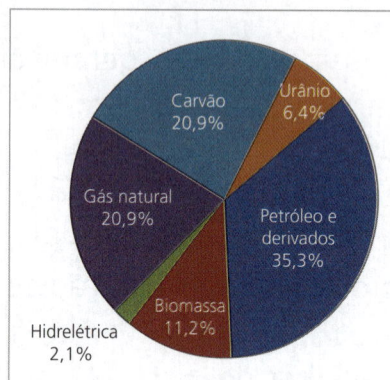

Mundo

13,3% renovável

a) O que você entende por energia renovável? Explique abaixo.

_____

_____

_____

_____

b) Identifique abaixo as fontes de energia citadas nos gráficos.

Energia renovável: _____

Energia não renovável: _____

c) Compare o fornecimento de energia gerada em usinas hidrelétricas no Brasil e no mundo. Por que você acha que existe essa diferença?

_____

_____

_____

# Os materiais e o meio ambiente

## Do que são feitos os materiais que consumimos?

**40** Cite um exemplo de objeto feito com os materiais indicados abaixo.

a) Objetos feitos de metal: ......................................................................

........................................................................................................................

b) Objetos fabricados com materiais de origem orgânica: ......................

........................................................................................................................

........................................................................................................................

c) Objetos fabricados com materiais de origem não orgânica e que não sejam de metal: ......................................................................

........................................................................................................................

**41** Identifique os materiais que costumam ser usados nas partes da bicicleta indicadas pelas letras:

☐ borracha.

☐ ferro cromado.

☐ couro ou plástico revestido de espuma e tecido em geral.

☐ alumínio, ferro, fibra de carbono, entre outros.

# Características dos materiais

**42** Observe as características dos materiais de que são feitos os objetos abaixo. A seguir, indique quais são os mais apropriados para cada situação e para o ambiente. Justifique sua escolha.

- Um dia de sol:

Camiseta branca.                    Camiseta preta.

_____

_____

- Compras na feira ou no supermercado:

Sacola plástica.        Sacola retornável de tecido.

_____

_____

**43** Anos atrás, os alimentos eram acondicionados em recipientes de vidro, cerâmica, aço e outros metais, como o ferro. Atualmente, como são os recipientes que conservam os alimentos?

_____

_____

# A fabricação de produtos causa impactos no meio ambiente?

**44** Os minérios são encontrados em minas e alguns deles são usados para a extração de metais.

a) Observe uma área de extração de minério de bauxita, que é utilizado na obtenção de alumínio. Em sua opinião, que impactos a extração de minérios pode causar ao ambiente?

Área de mineração de bauxita localizada na Floresta Nacional Saracá-Taquera, RN, 2003.

b) Entre os materiais utilizados para produzir 1 tonelada de alumínio, contorne aquele que é usado como fonte de energia:

bauxita    criolita    carvão

c) Faça uma lista de objetos feitos de alumínio que você costuma usar no dia a dia. Quando eles não servem mais, como você os descarta?

# O que podemos fazer?

**45** Leia a frase abaixo e responda às questões.

> Ao reciclar um quilograma de alumínio, quatro quilogramas do minério bauxita são poupados, utilizando-se apenas cerca de 7% da energia necessária para produzir a mesma quantidade desse metal a partir da bauxita.

a) Qual é a importância de reciclar alumínio e outros materiais?

_____

_____

_____

b) O que você pode fazer para contribuir com a reciclagem do alumínio?

_____

_____

**46** Dê um exemplo de brinquedo que pode ser feito em casa com materiais que seriam descartados.

_____

**47** Assinale as ações que ajudam a reduzir os impactos ambientais provocados pela extração de materiais da natureza.

☐ Jogar no lixo objetos que não se quer mais.

☐ Dar preferência a produtos com embalagem retornável.

☐ Adquirir sempre as novas versões de aparelhos e brinquedos.

☐ Não levar em consideração o tipo de material dos produtos.

☐ Pedir sempre para embalar os produtos.

**48** No caderno, faça uma lista dos objetos que foram jogados no lixo da sua casa hoje. Escreva o nome dos objetos que poderiam ser destinados a cada uma das lixeiras a seguir.

**49** Leia o texto a seguir:

> [...] De acordo com dados do Instituto Argonauta, em São Paulo, 1 200 tartarugas marinhas morreram desde janeiro de 2016 e, destas, cerca de 25% por causa da ingestão de lixo marinho.
>
> Hugo Gallo, presidente do Instituto Argonauta, diz que 99% das manchas de lixo nos oceanos é formada por plástico descartado pelos humanos, que causam mortes [...]
>
> [...] a poluição das águas, por produtos cosméticos como pasta de dentes ou esfoliantes que contêm microplásticos, também matam seres menores, como crustáceos, afetando toda a cadeia natural do mar. [...]
>
> Lixo marinho representa risco para a vida de animais. **EBC**. Disponível em: <http://radioagencianacional.ebc.com.br/geral/audio/2017-07/lixo-marinho-representa-risco-para-vida-de-animais>. Acesso em: 9 maio 2018.

a) Como o lixo e os produtos descartados pelas pessoas podem chegar ao mar?

b) De que maneira a escolha dos produtos que vamos consumir pode contribuir para a defesa da vida marinha?

# Saneamento básico

## De onde vem a água que consumimos?

**50** Segundo a Organização das Nações Unidas (ONU), cada pessoa consome diariamente de 2 mil a 5 mil litros de "água invisível".

- Pesquise na internet, em *sites* indicados pelo professor, o significado da expressão "água invisível", utilizada pela ONU.

_____

_____

_____

**51** Observe o gráfico a seguir.

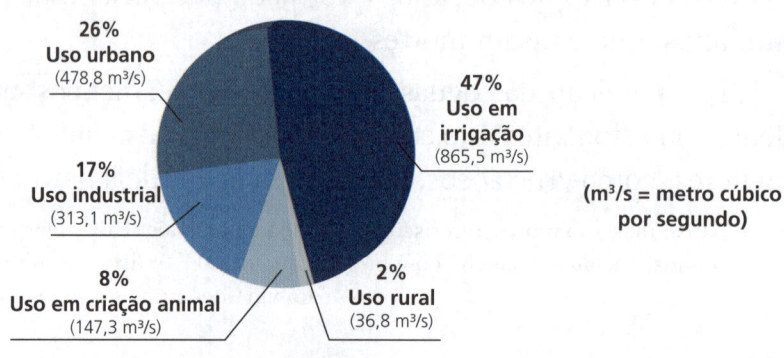

Volume de água captada no Brasil (2009)

- 26% Uso urbano (478,8 m³/s)
- 17% Uso industrial (313,1 m³/s)
- 8% Uso em criação animal (147,3 m³/s)
- 2% Uso rural (36,8 m³/s)
- 47% Uso em irrigação (865,5 m³/s)

(m³/s = metro cúbico por segundo)

TOTAL: 1 841,5 m³/s
Fonte: Conjuntura dos Recursos Hídricos no Brasil (ANA).

a) De acordo com o gráfico, quais são as atividades que mais consomem água no Brasil?

_____

_____

b) De onde é captada a água utilizada nessas atividades?

_____

_____

# Tratamento de água e de esgoto

**52** A água distribuída à população é tratada nas estações de tratamento de água (ETAs).

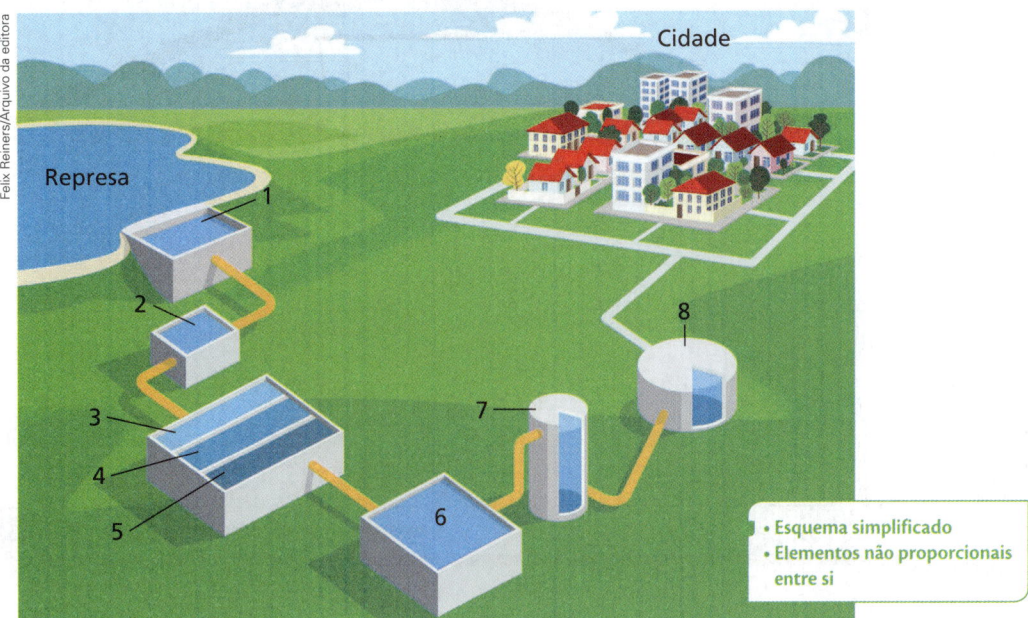

Fonte: Companhia de Saneamento Básico do Estado de São Paulo – Sabesp.

- Coloque na sequência correta as etapas do tratamento de água e identifique-as na imagem esquemática.

    ☐ Adição de sulfato de alumínio e cloro.

    ☐ Adição de cloro e flúor.

    ☐ Captação de água da represa e bombeamento até a estação de tratamento.

    ☐ Entrada da água na rede de distribuição.

    ☐ Floculação.

    ☐ Decantação.

    ☐ Filtração.

    ☐ Armazenamento da água limpa em reservatórios.

**53** Observe o esquema que mostra a distribuição de água em uma casa.

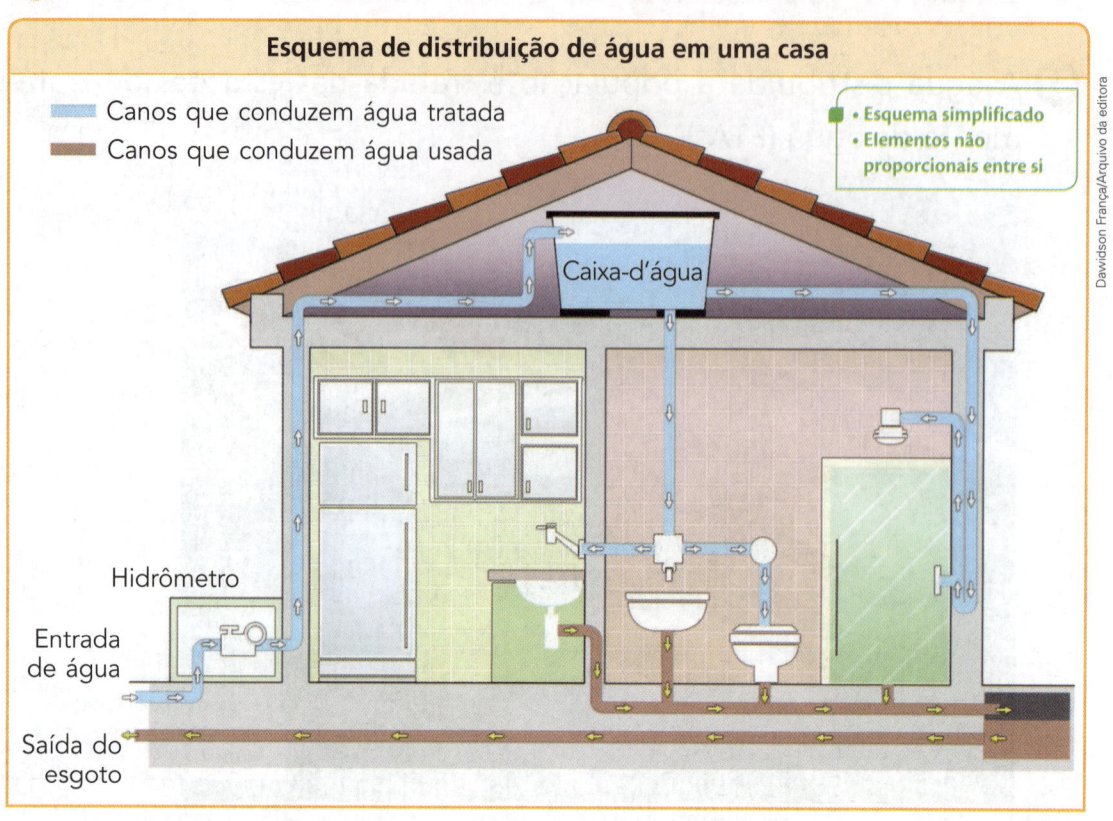

a) Circule o lugar onde, na casa, é armazenada a água que chega pela rede de distribuição.

b) Quando falta água na rede de distribuição, falta água nas torneiras da casa imediatamente? Explique.

c) Qual é o destino da água já utilizada na casa representada no esquema?

d) Cite duas formas de reduzir o consumo de água tratada.

**54** O tratamento de esgoto torna a água limpa para reúso ou para ser encaminhada para um curso de água, como um rio.

■ Preencha a descrição das etapas do tratamento de esgoto que estão faltando.

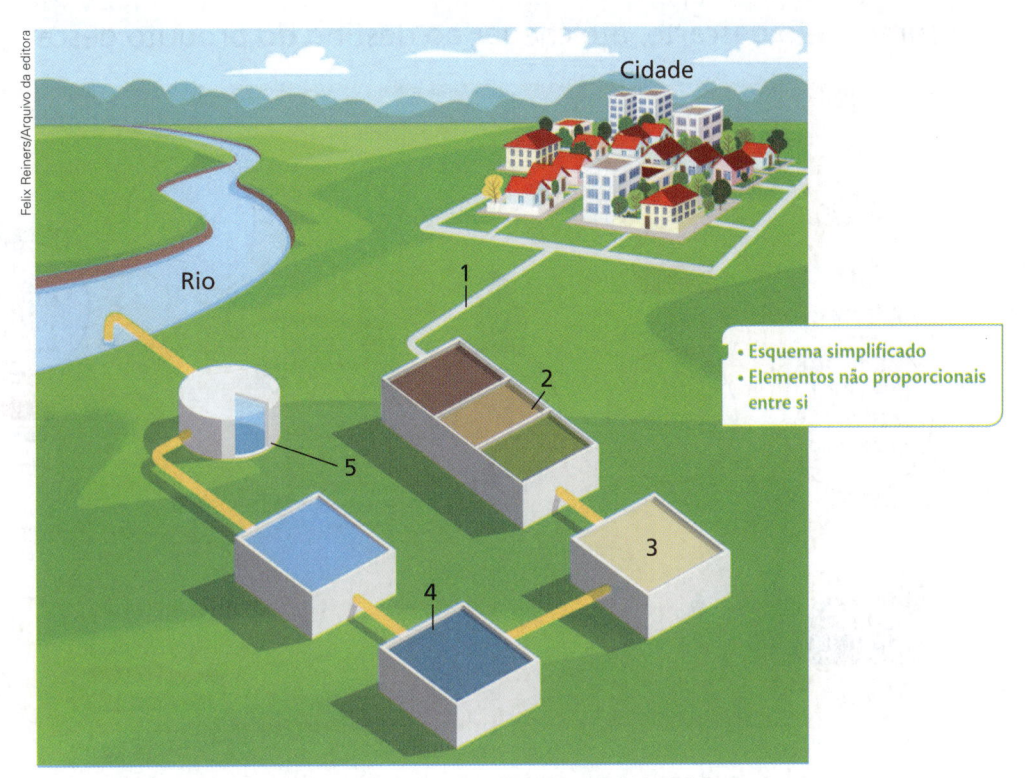

- Esquema simplificado
- Elementos não proporcionais entre si

Fonte: Companhia de Saneamento Básico do Estado de São Paulo – Sabesp.

1. A água usada (esgoto) é captada e levada para a estação de tratamento pela rede de esgoto.

2. ................................................................................................................................

3. A água entra em um tanque de areia que retém os resíduos de menor tamanho.

4. A água vai para os tanques de aeração onde bactérias decompositoras consomem a matéria orgânica.

5. ................................................................................................................................

# O destino do lixo

**55** Observe o esquema a seguir. Ele mostra o caminho de um produto desde o uso da matéria-prima para sua produção, passando pelo consumo, pelo descarte, até chegar ao destino do produto descartado.

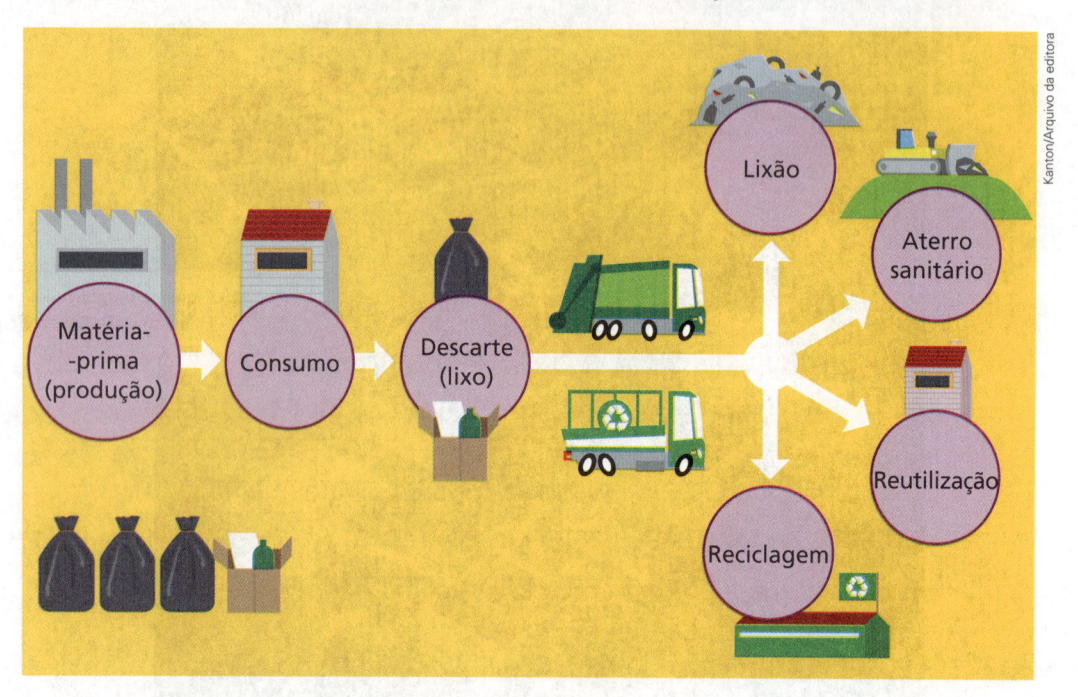

a) Em qual dos destinos a matéria-prima continua sendo aproveitada?

☐ Lixão ☒ Reutilização

☐ Aterro sanitário ☒ Reciclagem

b) Quando adotamos hábitos de consumo mais responsáveis, diminuímos a utilização de produtos e a produção de mercadorias. Com essas reduções, explique o que deve acontecer nas etapas abaixo.

1. Extração de matéria-prima: ........................................................................

........................................................................

2. Descarte de produtos: ........................................................................

........................................................................

# O Sistema Solar

## Sol: o maior astro do Sistema Solar

**56** A maior estrela conhecida do Universo é 2 mil vezes maior do que o Sol e está bem mais distante da Terra do que ele. Por que não a vemos, mas enxergamos o Sol?

## O dia e a noite

**57** O uso de modelos auxilia a compreensão de muitos fenômenos naturais. Observe o modelo a seguir e faça o que se pede.

a) Qual astro do Sistema Solar a lâmpada está representando?

b) Que movimento a Terra realiza ao girar ao redor do palito?

c) Que movimento é representado pela movimentação da tampinha sobre o papelão?

**58** Observe os cinco pontos indicados na superfície da Terra.

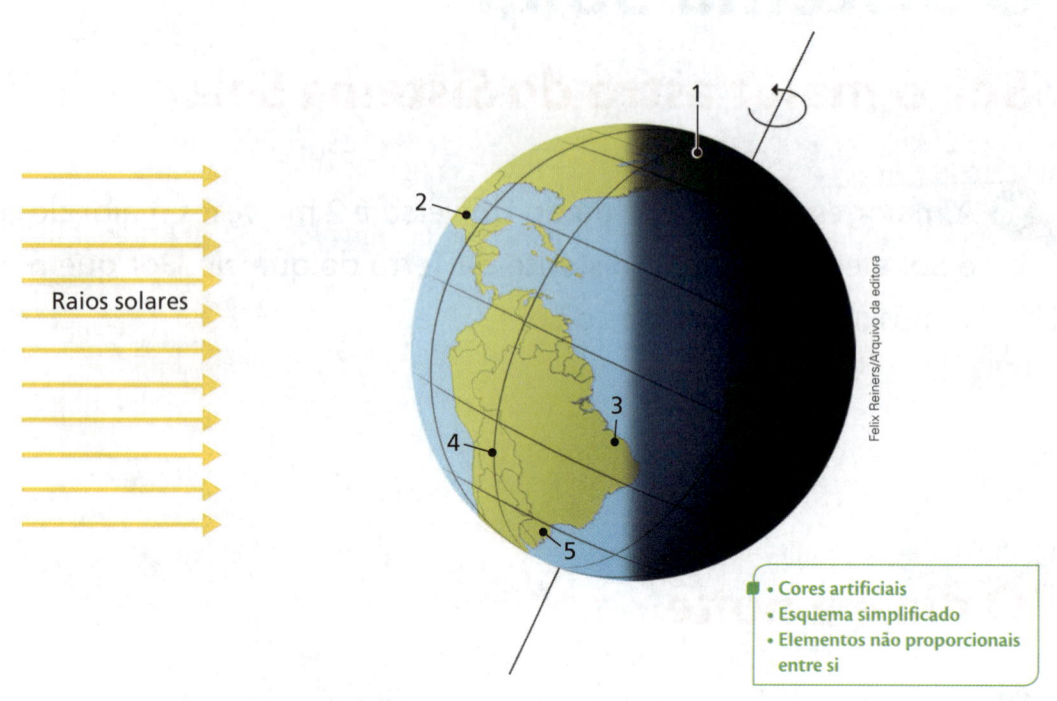

Raios solares

- Cores artificiais
- Esquema simplificado
- Elementos não proporcionais entre si

a) Indique, para cada um desses pontos, se é noite ou dia.

Ponto 1: ........................................

Ponto 2: ........................................

Ponto 3: ........................................

Ponto 4: ........................................

Ponto 5: ........................................

b) Considere os pontos 2, 3, 4 e 5.
Qual deles entrará primeiro no período da noite?
E em segundo lugar?

........................................................................................................

........................................................................................................

........................................................................................................

........................................................................................................

## Estações do ano

**59** Podemos determinar as estações do ano pela posição da Terra em relação ao Sol. Considere o esquema a seguir e identifique o início de cada estação do ano no hemisfério sul.

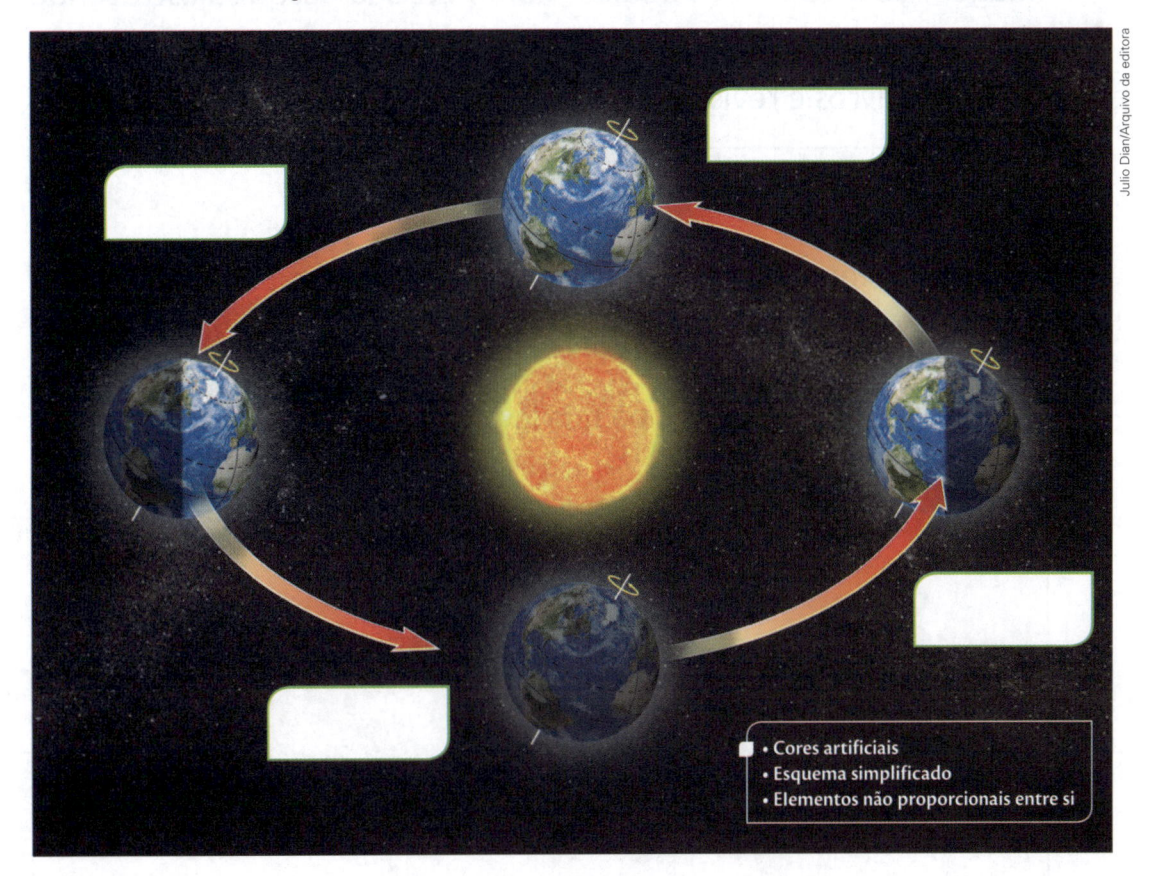

- Cores artificiais
- Esquema simplificado
- Elementos não proporcionais entre si

## A Lua, satélite natural da Terra

**60** Consulte o calendário lunar do mês passado. Depois, responda às questões.

a) Em que dia não foi possível visualizar a Lua no céu noturno?

b) Em que dia a Lua esteve mais clara?

c) Em que dia a Lua esteve entre a Terra e o Sol.

d) Em que dia a Terra esteve entre a Lua e o Sol.

# Os planetas do Sistema Solar

**61** Escolha um planeta do Sistema Solar (exceto a Terra) e pesquise os seus períodos de rotação e de translação. Desenhe ou cole uma imagem dele no espaço abaixo. Complete sua pesquisa escrevendo uma curiosidade sobre o planeta escolhido. Você pode utilizar a internet ou livros e revistas de divulgação científica.

Nome do planeta: ......................................................................................................

Tempo de rotação (tempo que leva para dar uma volta em torno do próprio eixo): ..................................................................................................

Tempo de translação (tempo que leva para dar uma volta em torno do Sol): ....................................................................................................................

Curiosidade: ................................................................................................................

....................................................................................................................................

....................................................................................................................................

# Outros astros do Sistema Solar

**62** Relacione os astros à sua definição correta.

■ • Elementos não proporcionais entre si

Sol

Terra

Lua

- Planeta
- Satélite artificial
- Estrela
- Satélite natural
- Asteroide

**63** Encontre, no diagrama a seguir, os nomes de seis tipos de astros do Sistema Solar.

| Q | W | R | T | Y | I | C | O | U | C | N | D | M | G | A |
|---|---|---|---|---|---|---|---|---|---|---|---|---|---|---|
| P | A | S | T | E | R | O | I | D | E | L | J | E | B | N |
| P | A | C | B | G | M | M | L | K | T | E | E | T | Q | S |
| L | S | D | F | G | H | E | - | K | O | T | B | E | M | C |
| A | - | H | K | U | I | T | Q | A | E | R | R | O | U | I |
| N | B | R | T | A | O | A | O | E | A | S | A | R | Y | T |
| E | P | L | A | N | E | T | A | - | A | N | A | O | M | V |
| T | V | X | V | - | T | G | T | S | A | F | C | I | X | A |
| A | S | D | F | G | H | J | K | L | P | O | I | D | Q | W |
| Z | S | A | T | E | L | I | T | E | I | R | W | E | A | D |
| Z | M | N | B | V | C | D | F | G | T | R | E | H | J | U |

43

UNIDADE 9

# Ampliando nossos sentidos

## Quais são os nossos sentidos?

**64** Observe a imagem a seguir.

- Cite uma percepção que a menina está tendo com cada um dos sentidos:

Audição: _____

Visão: _____

Tato: _____

Olfato: _____

Gustação: _____

**65** Os animais usam os órgãos dos sentidos para perceber o ambiente. Identifique os sentidos que os animais destes textos estão usando.

Peixes conhecidos por **bagres-cegos** vivem em ambientes onde não há entrada de luz. Eles têm olhos pouco desenvolvidos ou até inexistentes. Eles possuem grandes barbilhões, um tipo de "bigode" para tocar o ambiente onde estão e poder se movimentar com certa segurança.

O **morcego** emite sons de alta frequência, que o ser humano não é capaz de escutar. Esses sons refletem nos objetos que estão à frente dele e são captados pelos ouvidos do animal. Com base no eco captado pelos ouvidos, o morcego determina a posição dos objetos.

Os olhos das **corujas** têm grande capacidade de dilatar a pupila e, assim, captar a maior quantidade de luz possível do ambiente. Elas também possuem pequenas aberturas situadas na parte lateral da cabeça, que concentram os sons e os transmitem ao ouvido.

As **serpentes** põem para fora sua língua bifurcada e capturam odores do ambiente, transportando-os até um órgão situado no céu da boca, onde processam essas informações. Um orifício localizado entre o olho e a narina permite a percepção de variações mínimas de temperaturas ao seu redor. Assim, ele auxilia na localização de presas, como roedores, durante a noite.

- Você acha que os animais percebem o ambiente como os seres humanos?

# A ampliação dos sentidos por meio de instrumentos

**66** Relacione os instrumentos a seguir com a função que eles têm no estudo de aves.

**A** Binóculo.

**B** Câmera fotográfica.

**C** Gravador.

☐ Permite gravar e reproduzir o canto das aves com o objetivo de atraí-las para melhor visualização e identificação.

☐ Permite obter imagens ampliadas de uma ave observada e visualizar detalhes da forma, da cor, das estruturas e da plumagem, o que facilita a identificação das espécies.

☐ Permite o registro das aves observadas para que suas imagens possam ser analisadas, estudadas e documentadas.

**67** Existem muitos modelos de lupas. Eles se diferenciam pelo formato, pelo tamanho e pela capacidade de ampliação. Observe alguns deles.

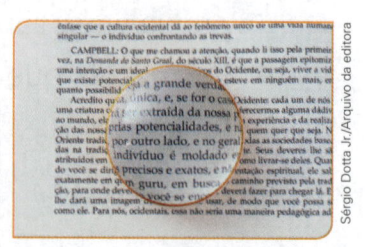

Lupa de mão.    Lupa de régua.    Lupa de mesa esférica.

■ Embora todas as lupas mostradas sirvam para ler textos com letras muito pequenas, qual delas é mais adequada para esse tipo de tarefa?

........................................................................................................................................

........................................................................................................................................

# Os microscópios e o estudo da vida

**68** Observe a foto da alga de aquário conhecida por *Elodea*.

a) Uma de suas folhas foi observada ao microscópio com três lentes de aumento diferentes (100, 400 e 1000 vezes). Escreva, abaixo de cada imagem a seguir, em quantas vezes ela foi aumentada.

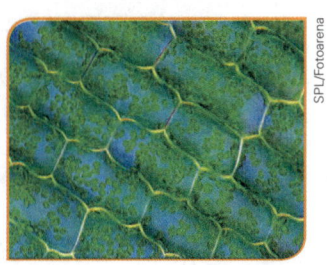

b) Assinale a alternativa que completa cada frase.

- É possível observar em maior quantidade a presença das células que formam o tecido vegetal na imagem aumentada em:

    ☐ 100 vezes.     ☐ 400 vezes.     ☐ 1000 vezes.

- É possível identificar com maior detalhamento as estruturas de uma única célula na imagem aumentada em:

    ☐ 100 vezes.     ☐ 400 vezes.     ☐ 1000 vezes.

**69** Qual é a importância do microscópio para a análise de exames de sangue? No que eles podem ajudar?

# Telescópios e o estudo do Universo

**70** Ao observar as estrelas com instrumentos adequados, os astrônomos conseguem descobrir a idade delas, o tempo aproximado que ainda têm de vida e o material de que são feitas. Com outras observações os astrônomos também podem conhecer a distância das estrelas até a Terra.

a) Encontre, no diagrama a seguir, o nome se alguns intrumentos que os astrônomos usam em seus estudos.

| N | C | A | T | P | F | L | J | A | E | M | A |
|---|---|---|---|---|---|---|---|---|---|---|---|
| E | M | S | T | J | C | A | M | E | R | A | G |
| A | L | A | E | Y | P | Z | T | A | F | O | U |
| F | V | T | Q | G | S | A | F | S | C | A | N |
| L | B | E | L | F | O | R | V | N | J | I | A |
| U | P | L | N | Z | L | U | N | E | T | A | I |
| O | A | I | I | C | O | D | U | V | G | P | E |
| Q | P | T | E | L | E | S | C | O | P | I | O |
| S | N | E | F | S | D | F | Q | S | I | A | U |

b) Faça uma pesquisa e encontre dados sobre o uso desses instrumentos.

....................................................................................

....................................................................................

....................................................................................

....................................................................................